2 披著樹皮外衣的擬態者　42
陳浩銘

泥沼中的提琴手　52
台灣招潮蟹

特有種任務 GO!　68

3

台灣獼猴的好朋友　70
郭蓁穎

老是被誤解的小淘氣　80
台灣獼猴

特有種任務 GO!　96

4 鳥類家園的衛生股長　98
林暐倫

迷霧森林的王者　108
黑長尾雉

特有種任務 GO!　124

附錄

從「台灣特有種」學核心素養　126

特有種網站　128

小劇場開演　130

解答　134

稀有保育類等級的節目，展現台灣特有種風格

台大昆蟲學系助理教授 曾惠芸

　　現在電視節目為了滿足廣大客群的需求，節目推陳出新，然而除了Discovery、National Geographic、Animal Planet等國外節目頻道外，與野生動物相關的節目並不多，更不用說台灣自己拍攝、以本土的野生動物為主角的系列節目，更像是所有節目中的「保育類」，稀有且獨特。

　　還記得2017年接到節目製作人偉智的email，提到公視想做一個台灣特有種的節目，其中一集是有關球背象鼻蟲，當下覺得很開心有這樣的節目，也毫不猶豫的接下這集顧問的協助任務。第一季的台灣特有種要以VR的技術拍攝野生動物，用這樣高難度的技術拍攝一群「不受控」（不會按照腳本走）的野生動物難度是非常高的，也需要攝影團隊極大的耐心與技術。

強大的團隊，取得珍貴的素材

　　由於用VR拍攝野外的野生動物，後續開始與節目製作團隊有了密切的接觸，每一次的接觸都充滿了驚喜，這個團隊裡的每個人都展現了強大的專業與喜愛野生動物的情感。

　　節目主持人之一的沁婕，對動物有一種專注與熱愛，一直記得她看到球背象鼻蟲時閃閃發亮的神情。在蘭嶼出外景時，導演晚上和我騎車上小天池，12點下山回到住宿的地方，接著四點一同和攝影團隊至朗島準備拍攝日出、再到永興農場錄音，導演對拍攝的每一個影像與環節都極為要求，細心的和每個團隊成員溝通想法；節目製作與企編從一開始的腳本就

展現了對拍攝物種的了解，拍攝時的每個環節與整體的時間、進度掌控度極佳；節目執行與助理在野外拍攝過程中總能在第一時間預先細心的替所有人準備好需要的東西，拍攝過程需要任何協助總是不怕辛苦的衝在最前面。

在蘭嶼和大家一起出外景時，發現的其他野生動物總是能引起團隊的每個人驚呼連連，大家看到野生動物的感動，相信會一直暖暖的放在心裡，不會被遺忘。

以閱讀讓感動延續

對野生動物的感動是人本質的一部分，透過節目團隊的拍攝成果，相信也會將這樣的感動傳給每一個人。也因為這樣的用心，台灣特有種節目獲得金鐘獎肯定，而接下來，要讓這樣的感動傳承下去，木馬文化將節目內容轉化為有趣的文字與漫畫風格。

從專業的角度看，這本書不僅僅是呈現方式非常吸引人，內容更是科學家們默默努力研究的成果展現；而這些為台灣生態努力的小達人們，更是台灣的希望與亮點，真正的台灣特有種。讓我們期待更多的年輕人展現其特有風格與行動，期待更美好的未來。

我們一起當台灣特有種！

昆蟲擾西 吳沁婕

　　《台灣特有種》是我人生中第一次主持的節目，「第一次主持節目就可以跟這麼棒的團隊合作，真的超級幸運！」這句話大概在我臉書講了100次了吧！

　　一開始製作人偉智拿著企畫書來跟我談的時候，我的確馬上就被這個節目的構想吸引了。認識台灣的特有生態，為保育盡一份力，看見在台灣這個成績至上的氛圍中，升學主義的教育體制下，原來還有這些可以專心投入自己熱情，在各專業生態領域的大孩子們。

　　興奮之餘也擔心著，公視的節目雖然品質有保證，但會不會限制很多？會不會有點無聊？畢竟，自己當youtuber自由自在想怎麼做都可以。後來想想，節目願意找我這樣的人，一個像男生的女生當兒少節目主持人，就是很大的突破了吧！感謝他們的勇氣，那我就來主持看看！

　　然後，我就被製作人和整個製作團隊圈粉了（讓我表白一下）。每一次出外景，都是兩車20人的大陣仗，雙機拍攝，所有細節都不馬虎。節目的腳本是企編構思後，幾位台灣生態領域的專家們，一再諮詢確認才交到我們手上。製作人偉智非常有經驗，也非常認真，卻給我們很大的空間，讓我第一次主持就可以非常安心的發揮自己。

　　每一次的主題，也都讓我學到很多。小達人們帶領著我看見更多台灣的美、台灣遇到的保育問題，我們可以如何出一份力。我第一次看到剪好的一集影片，全身起雞皮疙瘩，那精緻的片頭設計、配樂，超有美感、可愛的小動畫穿插在畫面中的台灣生態裡，感動著自己在這樣的團隊，精心準備的內容被高規格的呈現，這是台灣自製的生態節目啊！是我主持的節目耶！

　　突然覺得那些風吹日晒雨淋都好值得，每一個畫面在我腦中都是這麼的美。

　　而最難忘的，是那些大家一起等待，一起屏息凝神期待的瞬間。池塘邊，一閃即逝蛙腿踢得超帥的貢德氏赤蛙；環頸雉從草叢中點著頭出現；森林中，因為臭死人的製作人大便，而紛紛衝來的糞金龜；在北橫等了一夜收工前，出現讓我們叫到破音的魏氏奇葉螳螂；陸蟹媽媽終於順利走進海中抖動身體讓十萬隻baby游向大海……

　　有一群人，跟你有一樣的熱情，一起為相同的理念，為好的作品而努力。雖然在台灣做電視節目是這麼的辛苦，這麼的吃力不討好，但是這些堅持，得到了很棒的肯定。金鐘獎頒獎那晚，我們在台下喊破了喉嚨，我哭到妝都花了，我們得到了兩座金鐘的肯定，還有很多大小朋友給我們的回饋。

　　「我好喜歡《台灣特有種》，每個禮拜五都期待。」

　　「為了《台灣特有種》，小朋友寫功課特別快。」

　　「我有跟爸爸說，下次開車在山裡要慢一點，看看地上有沒有蛇。」

　　「昆蟲老師我跟你說，我以後也要像特有種的大哥哥、大姐姐一樣。」

　　每一集節目只有30分鐘，但其實還有好多好棒的內容想帶給大家，很多讓我們可以好好想一想，細細咀嚼的，感謝木馬文化把這些用細膩的圖文呈現出來。

　　看書吧！大小朋友們，看書很重要喔！大量的閱讀也是讓我們成為更屬害的人、有力量的人。很重要的一件事，昆蟲擾西驕傲的推薦大家這個超棒節目、超棒的一本書！

歡迎加入台灣特有種的行列

公共電視節目部經理 於蓓華

　　《台灣特有種》是近年來公共電視所製播，口碑與收視都深受歡迎的兒少節目。製作團隊投入許多資源，為觀眾提供全新觀點，挖掘隱身在山野林間，為自己所愛的生態保育而努力的故事，將年輕人也能擁有的力量，具體展現在螢幕面前。這正是公共電視在兒少節目的經營裡，所肩負的責任：提供台灣的孩子，更多元的觀點、鼓勵孩子有更多的行動。

　　節目裡以最新ＶＲ技術，也是電視節目首先嘗試以全新的視角和敘事方式，呈現生物的生態行為，如此近距離的認識台灣特有種，是公視的一大挑戰，卻也是非常榮幸的過程。

　　當木馬文化將台灣特有種節目從影像閱讀變成一本書，實在令人驚豔不已，不僅將節目中的台灣特有種躍然紙上，還繪製了孩子最愛的插圖，可愛的圖文增添了豐富又幽默的閱讀體驗，相信孩子一定會愛不釋手。

　　書中還增加了許多節目中，囿於長度與影片的流暢而捨棄的知識。例如：標本如何製作、昆蟲分類學是什麼？什麼是原生種、什麼是外來種？賞鳥的配備和方法、什麼是路殺動物？這些小知識的補充，讓這本書更「完整」了。

　　公共電視一直是小朋友、家長和老師信任的頻道，此節目也在許多自然老師和科教館等單位有極佳的口碑。隨著本書的出版，書中還增加了適合讀者一起進行討論的特有種任務，更完整了閱讀後的回饋，因此也很適合老師們作為課堂使用，書中提供了幾個生物專業網站，以及台灣特有種每一集的連結，謝謝木馬文化出版為台灣特有種創造更多的可能。

　　看到木馬文化和公共電視一起努力帶給孩子新視野，實在非常感動，也邀請讀者一起認識台灣特有種！

行動帶來力量

公共電視《台灣特有種》節目製作人　傅偉智

　　《台灣特有種》的製作，是一段過程艱辛成果卻無比美好的旅程，節目的起源來自於一個大膽的想法—用「VR」拍攝電視節目。幾經思量後，我們決定嘗試生態節目，這是電視界的首創，除了運用原本360環景拍攝外，並採用VR最新科技中的3D立體影像、微距視角去捕捉台灣生物世界的美好！

　　在一次一次拍攝過程中，發現大自然真的存在許多奧妙，也帶給我彷彿初見另一個世界的感動，心想這麼美好的事情一定要透過鏡頭傳達給觀眾，但這些美好的鏡頭都是要花時間和體力去等待、或是日曬雨淋換來的，這就是拍攝生態節目的難度！

　　《台灣特有種》有二層意義，一是指台灣限定的物種、一是「特有種的年輕人」！在升學主義下，長久以來台灣的學生樣貌幾乎一模一樣──努力讀書拚好成績上大學，幾乎把自己的興趣擺在一邊、把對大自然的喜好與關注的熱情收起來，不過卻有一群 夠有種的年輕學子卻堅持這份對生態的熱情，堅持愛他們所愛，並為他們愛的物種實際採取保育行動！只是尋找熱愛動物、又有實際保育行動新生代的難度很高，我們透過各種管道，再經過一通通電訪的篩選，終於找到這幾位特有種的生力軍。在一次次拍攝之後，真的很感動台灣有一群年輕人沒有被升學主義洪流所淹沒，人生能做一件自己開心、也對世界有意義的事情，真的很棒！

　　很開心這次有機會與 木馬文化合作，能將台灣特有種的內容轉化成文字，並補充了許多資訊和內容，誠如節目中的一句話──小行動，大力量，希望透過這本書能讓更多人了解台灣這片土地的特有物種，以及這群可愛的年輕人所做的事情，大家一起加入生態保育的行列。

The Small Big
台灣特有種 2

特有種大聲公

各位大小讀者展開這趟台灣特有種之旅前，有些事你不能不知道！以下這些問題來自關心台灣特有種的大朋友、小朋友，當然也來自森林裡活躍的動物、植物、車水馬龍道路旁草叢裡的小蛇、行道樹上的鳥兒、公園裡的松鼠……，編輯部和幾位台灣特有種明星們先統一為大家回答：

 翡翠樹蛙 什麼是「台灣特有種」？

讚・回覆

 鍬形蟲 如果你聽到 #台灣特有種，想到的是「只有台灣島上才有的物種」—— Bingo！這是一個正確答案。特有種這個名詞，在生物學上指的是，某一個區域因為獨特的氣候、環境等，使得生活在當地的動物或植物，經過很長很長的時間，演化出特別適合這個區域的特性和生態，也就是「地區限定」。所以，台灣特有種指的就是在台灣特有的物種喔！

讚・回覆

 鈍頭蛇 咳咳，我也是台灣特有種喔！不過像我們一樣的「台灣特有種」共有多少種類啊？

讚・回覆

奕達 這個我知道，昨天我才聽到研究人員說，截至2020年2月，台灣約有1257種動物，而特有種動物約有五分之一，台灣小小的島嶼，有這麼多特有種，代表這裡是生態很多元的地方。

讚・回覆

 鈍頭蛇 多元？什麼是多元啊？

讚・回覆

 台灣阿猴 台灣雖然是個小島，島上超過三千公尺以上的高山，有兩百多座，一座山從平地到山頂，就有不一樣的氣候和生物。平地有平原、溼地，再加上台灣四面環海，不同海岸孕育的生物也不同，真的是很多樣貌，這就是「多元」。

讚・回覆

 招潮蟹 我知道，你們說的就是生物多樣性，保護生物多樣性，才能維持生態平衡，就像我生活在潮間帶，我身邊的彈塗魚、水筆仔，牠們不僅僅是我的朋友，也是我的家的重要成員，如果少了牠們，我就會沒辦法生活呢！

讚・回覆

翡翠樹蛙 不過，「特有種」還有別的意思喔！

讚・回覆

奕達 我懂，特有種也可以是形容詞，形容一個人很特別、很有勇氣，甚至願意做一些很少人嘗試的事，我覺得自己就是台灣特有種呢！

讚・回覆

帝雉 這倒是，雖然我很討厭人類靠近我，不過我常常躲在安全的地方，看人類到森林裡健行、拍照、做生態觀察，但很少看見小學生和中學生，我只有在千元鈔票上跟他們在一起而已。所以，看到你們幾個年輕人這麼熱愛大自然，真的很特別。

讚・回覆

大圓斑球背象鼻蟲 對了，我前幾天聽到一個名詞：2020台灣生物多樣性超級年！這是什麼東東？

讚・回覆

暐倫 這是全球的一個大計畫，2020年很多國家召開會議討論各地生物多樣性的情況，除了檢討之外，也會訂定下一個十年的計畫，所以對大家來說是很重要的一年。

讚・回覆

翡翠樹蛙 如果全世界的人類都能重視生物多樣性的話，我們就不用擔心生存危機了。

讚・回覆

郭蓁穎 沒錯，今年台灣的農委會特有生物中心有很多很棒的活動喔，帶大家到山林裡認識台灣生態，也讓大家知道台灣保育的成果。

讚・回覆

櫻花鉤吻鮭 我覺得讓大家認識我們，就是最好的開始喔！

讚・回覆

目次

特有種大聲公　　　　　　　　　　　　　　　　2

推薦序　　　　　　　　　　　　　　　　　　　8

●稀有保育類等級的節目，展現台灣特有種風格
　　　　　　台灣大學昆蟲學系助理教授　曾惠芸

●我們一起當台灣特有種
　　　　　　　　　　　　　　昆蟲擾西　吳沁婕

●一本特有種的書
　　　　　　　　公共電視節目部經理　於蓓華

作者序　　　　　　　　　　　　　　　　　　　13

●行動帶來力量
　　　　　　《台灣特有種》節目製作人　傅偉智

1

生態農場管理員　　　　　14
　　　　　　楊程幃

高山清溪的美妙身影　　　24
　　　　　台灣櫻花鉤吻鮭

特有種任務 *GO!*　　　　　40

生態農場管理員
✕
高山清溪的美妙身影

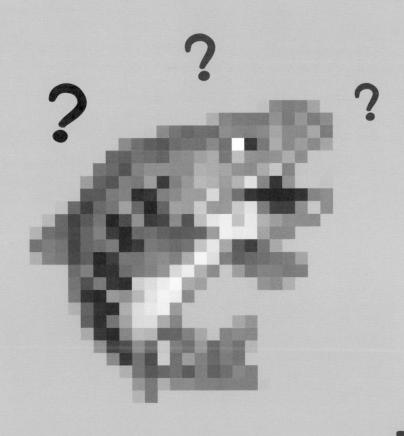

生態農場管理員

楊程幃
今年18歲，
明道中學餐飲科
三年級，台灣原生
魚類守護者

平時在廚房料理的身影。

從小就喜歡到山裡、水邊，
對生物很著迷。

在生態農場裡組織自己
對生態保育的經驗。

未來希望結合料理專長和
生態知識，開一間生態民
宿，可以跟大家傳遞更多
環境保護的知識。

▲農場裡有一個水生植物的生態池，需要用心照顧。

拿着鍋鏟的保育員

　　我從小就不喜歡宅在家，大多時間都是拉著同學一起到山上或海邊、溪邊玩。不過，我現在在學校學的是餐飲科，這是一個小意外，我以為我會讀農業相關的科系，後來因為分數的關係讀了餐飲科。讀到現在我真的覺得越來越有興趣，而且對於食物從原料到餐桌，有了更多的認識，這算是一大收穫。

　　我生活中另外一個重心，就是在學校之外，我在一家生態農場學習。我很喜歡這個農場的理念，他們用對環境友善的方式飼養動物，所以我在這裡養雞、也負責照顧生態池。同時我也一直思考和嘗試，以天然的方式，創造對動物和對人類都有利的飼養方式，例如這裡的雞所吃的飼料，都是我一手調配製作的，完全沒有化學成分。

▶農場裡養雞的飼料都是天然食材。

休閒時光都在大自然裡

　　我覺得自己很幸運的是，身邊有朋友願意和我一起去大自然，因為現在很多同學就算一起出門，也常常去逛街、打電動，但我會找幾個同學一起去爬山或釣魚。不過，有時候會被抱怨，因為我常常不自覺的拋下他們，例如有一次我們去爬山，我看到

▲放假時，我常常拉著同學去野外放鬆心情。

一隻暗藍扁騷金龜，是藍色的喔，我非常興奮去追牠，完全忘了其他人。這件事直到現在我都還會被念，因為當時大家只是一起停下來喝水，我卻突然消失不見，讓大家超緊張的。

　　雖然我同學常開玩笑說我像個老人，只喜歡去爬山或是海邊溪邊，可是我要很嚴肅的說，親近大自然真的是很棒的事，小朋友和年輕人更應該接近大自然。

什麼是 環境友善農場 ？

　　想想看，如果你想經營一個農場，你會種植什麼植物、飼養什麼動物呢？你又如何仰賴這些動物或植物為農場增加收入？如果可以打造一個生生不息的農場環境，那就太棒了！例如：種出有機植物，當作牛、魚、雞的食物，養出健康的雞或雞所生產的蛋，能為農場帶來收入，也因為沒有用化學的肥料，土壤和水質等不會受到汙染，可以維持一定的數量，這就是環境友善農場。

從社區的溪流中認識台灣原生魚

▲在生態池裡，蝦子扮演的是「清道夫」的角色。

▲蝦子以池中的藻類為食物，也是讓水質清澈的功臣。

因為在農場裡負責照顧生態池，我就開始研究魚類的生態，最近比較常到溪裡面，一方面跟同學打打鬧鬧，一方面可以觀察溪裡的魚類生態。我最常到的溪叫做「烏溪」，這裡有很多台灣原生魚，像是台灣鬚鱲，另外我也會思考一條溪裡的生態組成，所以我也常常用自己自製的捕蝦籠，帶幾隻溪裡的蝦子回去。在農場的生態池裡，這些蝦子都是溪裡的清道夫，因為牠們可以清除水中的藻類，是水質清澈的重要關鍵喔！我想我也能在農場裡營造一個天然的環境。

▲我希望台灣鬚鱲的族群能夠更壯大。

台灣鬚鱲也是台灣特有種喔！

　　台灣四面環海，島上除了多山，也有很多溪流分布，而台灣鬚鱲在許多河川溪流中都能見到，正因為很常見，也很容易釣到，因此有好多俗名，像是憨仔魚、馬口魚或一枝花等，也常常成為餐桌上的料理呢！

　　台灣馬口魚的游泳能力很強，大多在河川的中、上游及支流活動，也喜歡成群結隊棲息在水中淺灘或水流比較慢的地方，也有不少人會飼養牠。

　　台灣鬚鱲是台灣特有種，在台灣西部河流中都很容易看到，尤其喜歡棲息在河流的中上游，下圖是分布在台灣中部的烏溪流域圖，也是能常見到台灣鬚鱲的河流。

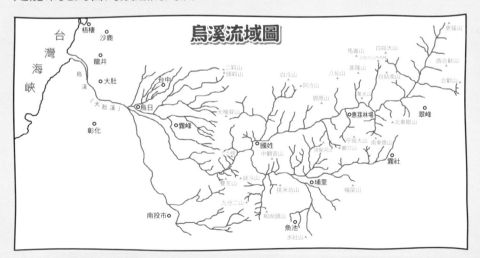

烏溪流域圖

台灣原生魚的大威脅──吳郭魚

　　你一定吃過吳郭魚，我也是，而且我還會料理吳郭魚呢！可是大家知道嗎？吳郭魚原本是生活在非洲的魚種，但是許多地方都有人專門養殖牠，最後成為桌上的料理。問題是，如果吳郭魚都好好的待在養殖池裡，那就沒有問題，但事實是吳郭魚早就「攻占」了許多台灣溪流、湖泊，而台灣沒有吳郭魚的天敵，所以牠們的數量越來越多，嚴重壓縮了其他魚類的生存空間，這是我很憂心的事。

　　怎麼辦呢？我的想法很簡單：如果吳郭魚變少，原本的原生種魚類變多，那應該就能讓環境回到原本比較平衡的狀態。所以，我有空的時候也常常去烏溪釣魚，釣到吳郭魚我就會把牠帶回去料理，或者用另一個池子把牠養大；釣到原生魚類我會帶回農場復育，等到牠數量多一點，再放回烏溪。這是我自己的力量可以做的事。

　　你發現了嗎？為了付出自己這一點點的力量，我必須很清楚的辨識每一條魚，現在這已經難不倒我，每種魚的特徵我都能輕鬆辨識喔！

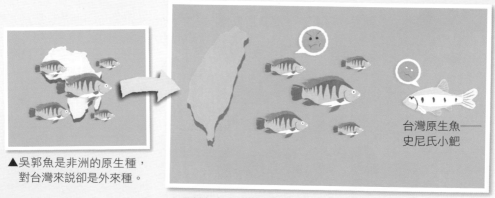

台灣原生魚──
史尼氏小䰾

▲吳郭魚是非洲的原生種，對台灣來說卻是外來種。

▲吳郭魚在台灣因為缺乏天敵，變成強勢物種。

夢想開一家環境友善的民宿

我雖然才 18 歲，可是最近我覺得對於以後要做什麼，越來越清楚了。我希望未來能開一家民宿，能跟客人解說保護環境的重要，也運用料理的專長做出對環境友善的一桌菜，希望大家都能知道大自然的美好，盡自己的一點點力量保護大自然。

▲ 我很喜歡跟不同的人介紹各種生物知識。

瀕臨絕種的 巴氏銀鮈

巴氏銀鮈也是台灣特有種，屬於台灣原生的淡水魚，最特別的是，科學家們認為牠只生活在烏溪流域，可以想見只要在烏溪周邊環境有什麼變化，就會對巴氏銀鮈造成很大的影響，因為數量很稀少，是一級保育類動物，需要我們共同保護。

台灣溪流中有這麼多珍貴的魚，包括生活在高山上的台灣特有種——櫻花鉤吻鮭，你一定要認識牠！

高山清溪的美妙身影——台灣櫻花鉤吻鮭

這裡好涼爽、空氣好清新啊！

原來這種上古神獸等級的台灣原生魚，住的地方這麼舒適，在哪裡呢？我來找找。

古銅色的皮膚、青綠色橢圓形的斑點，找到了！台灣櫻花鉤吻鮭。

小檔案

鮭科鉤吻鮭屬
成鮭體長約 20 公分
身上有 8 ～ 12 個橢圓形斑點

嗨！

你是特地來看我的，對吧！

嗯嗯嗯！

你真的好漂亮，你知道人們把你印在兩千塊的鈔票上嗎？

兩千塊的鈔票？那是什麼？可以吃嗎？

哈哈哈，對喔，都忘記你是魚，根本不需要認識鈔票。

你的家鄉真的好舒服。

那當然，這個雪霸國家公園裡的七家灣溪，我們住了數十萬年，可以說是不折不扣的魚類原住民了吧！

數十萬年？那是冰河時期就來到台灣了吧！難怪尊稱你是國寶魚！

是啊！我們對水溫非常講究，這裡長年保持在攝氏 17 度以下，是最適合我們生存的環境。

原來是因為水溫喔！我以為是這裡的山景美麗、溪水清澈，還有生態豐富的河谷地形把你們留下來的。

這也是其中幾個原因，不過最重要的還是水溫，因為我們鮭魚屬於溫帶的冷水魚種，天生就很怕熱。

可是，我記得鮭魚需要迴游對不對？

好累！

台灣櫻花鉤吻鮭最特別的是，不會迴游！

不迴游？

對啊，小時候我們只在這條溪中的緩流水域活動⋯⋯

隨著體型長大會越游越急，游到水流湍急的地方覓食。

水流湍急的地方⋯⋯有什麼好吃的？

昆蟲啊！我最愛吃掉到水面下的昆蟲。

聽起來國外的鮭魚好辛苦啊！

這要感謝我們好久好久以前的老祖先，為了適應台灣的氣候與地形變遷，演化出來的生存方式。

呵呵，你不覺得不只楓葉紅了，我身上的顏色也紅了一些嗎？

哇！走到這裡才發現，溪畔的楓葉都紅了耶，真浪漫！

是耶！我想想喔，現在是 10 月初秋……啊！難道是你們的繁殖季節！

櫻花鉤吻鮭繁殖季是10月上旬～11月下旬。

對啦！每年的這個時候溪流水量會趨緩，形成寬廣的緩流區。

超適合我們舉行一年一度的求偶派對。

你看看剛過兩歲生日的我，長出了「戽斗」的下巴，表示我轉大人，可以追老婆了！

鉤吻狀下顎

哇，尖又厚實的魚下巴，好帥啊！

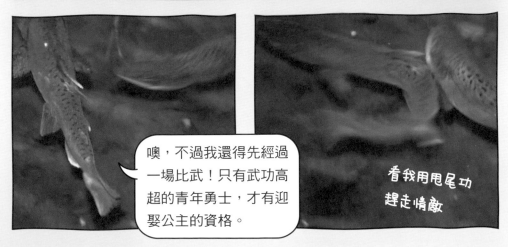

親愛的公主，你終於願意和我平行共游了！

天啊！這代表你們配對成功了！接下來就會生寶寶，我會看到鮭魚卵，對不對。

嘿，你該不會想吃吧？

噓，不要一直說話！我在專心尋找一個適合的礫石河床……

就是這裡了！水流適當、通氣良好，就是最棒的產卵地。

接著就是用尾巴搧動水流，像這樣連續上下拍動……

河床受到拍動之後，砂礫和細小的砂石會不斷揚起……

只留下比較大的礫石，這就是我們很經典的雌魚築巢了！

終於看到傳說中的雌魚築巢了啊！

哇！這對體外受精的夫妻倆，正跳著好有默契的水中舞蹈。

看我們輪流用力甩動尾巴。

正在排出精子

正在排出鮭魚卵

老公，你看……我們愛的結晶。

晶瑩剔透的好漂亮啊！

為什麼我老覺得這個青年想吃啊！

沒有沒有！雖然我是廚師，但我沒有要吃國寶啦！

噢，這個傳宗接代的神聖使命，好累！

寶貝你先休息一下。

辛苦了，光是看著這一顆顆小生命，就覺得好感動耶！這些卵什麼時候會孵化呢？

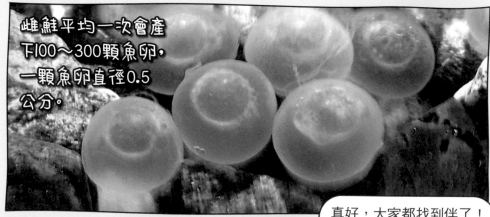

雌鮭平均一次會產下100～300顆魚卵，一顆魚卵直徑0.5公分。

這一顆顆的魚卵都會在冬季孵化喔！你看，那邊也有一對剛誕生的鮭魚夫妻在產卵。

真好，大家都找到伴了！這樣等到明年春夏，我再回來看大家，就可以看到活潑可愛的幼鮭魚了！

春夏的鮭魚還小小的，很可愛吧！

沒錯！小小的，而且沒有仔細看可能還認不出來。

不過，隨著時間長大……

牠們都將傳承台灣鮭魚的驕傲！

世世代代在這個七家灣溪優游下去！

好的，我會再來看看你們的子孫的！

~THE END~

特有種任務 GO!

生態農場小主人

　　身為一名生態農場的小主人，好好打理農場裡的生態池，是很重要的責任。今天天氣正好，就讓我們一起到溪邊田邊釣魚抓蝦，為生態池補充一點新血吧！

　　請你透過以下描述，判斷一下該怎麼處理這些捕獲的魚蝦，並寫下處理的理由。

● 第一次收穫：一隻體型不小的蝦子，有著長長的螯。

該怎麼處理：＿＿＿＿＿＿＿＿＿＿＿＿＿＿＿＿＿＿＿＿

為什麼：＿＿＿＿＿＿＿＿＿＿＿＿＿＿＿＿＿＿＿＿＿＿

＿＿＿＿＿＿＿＿＿＿＿＿＿＿＿＿＿＿＿＿＿＿＿＿＿＿

● 第二次收穫：是隻小魚，身側有四個黑色點狀條紋，眼睛一半紅紅的。

該怎麼處理：＿＿＿＿＿＿＿＿＿＿＿＿＿＿＿＿＿＿＿＿

為什麼：＿＿＿＿＿＿＿＿＿＿＿＿＿＿＿＿＿＿＿＿＿＿

＿＿＿＿＿＿＿＿＿＿＿＿＿＿＿＿＿＿＿＿＿＿＿＿＿＿

● 第三次收穫：一隻巴掌大的魚，身上有一橫一橫的縱紋，背鰭刺刺的。

該怎麼處理：＿＿＿＿＿＿＿＿＿＿＿＿＿＿＿＿＿＿＿＿

為什麼：＿＿＿＿＿＿＿＿＿＿＿＿＿＿＿＿＿＿＿＿＿＿

＿＿＿＿＿＿＿＿＿＿＿＿＿＿＿＿＿＿＿＿＿＿＿＿＿＿

鉤吻鮭生活滿意度大調查

　　我們是七家灣溪的鮭魚社區管理委員，正在進行鉤吻鮭生活滿意度大調查，需要你的幫忙！

　　目前，我們想要挑選一隻「新婚的雄性鉤吻鮭」進行訪談，請你從牠們外貌和行為勾選合適的對象，但別打擾正在交配的鮭魚夫妻喔！麻煩了：

☐ 一隻下顎平平小小的鉤吻鮭，正在吃著水面的小蟲。

☐ 一隻健壯的鉤吻鮭，下顎彎彎鉤起，正在跟另一隻鉤吻鮭打架。

☐ 一隻下顎也厚厚彎彎的鉤吻鮭，正在拍打河床，揚起陣陣沙塵。

☐ 兩隻鉤吻鮭肩並肩跳著美麗的水中舞蹈。

　　選好了嗎？既然你都出手幫忙了，那麼這次問卷調查就交給你吧！面對難得一見的台灣國寶魚，你會怎麼設計問卷呢？

　　請寫下你設計的「櫻花鉤吻鮭生活滿意度問卷調查表」：

_____

_____

_____

_____

_____

披著樹皮外衣的擬態者

✕

泥沼中的提琴手

披著樹皮外衣的擬態者

陳浩銘
今年19歲，
台北市成淵高中三年級，
熱愛昆蟲，尤其是偽裝
動物。

喜歡彈鋼琴、喜歡到戶外
尋找偽裝動物，和牠們
的食草。

飼養各式各樣的竹節蟲，每一隻有沒有長高長胖
都知道，是竹節蟲好朋友。

目標是成為昆蟲學家和教育者，想要把昆蟲的知識，
用有趣的方式傳遞給每一個人，希望大家都能和他一
樣愛護動物。

我曾經也是竹節蟲

　　我愛昆蟲，熱愛牠們，而且可以很自在的和昆蟲相處。如果要用一種昆蟲來形容自己，我會說：「竹節蟲是我小時候的縮影！」這是什麼意思呢？這代表著我有一段像隻擬態昆蟲般的過去。請聽我娓娓道來，從小我就喜歡昆蟲，面對昆蟲我總是非常自在，可是面對人，卻總是遇到上天的考驗。

　　我永遠不會忘記，國中那年曾經受過霸凌的生活有多痛苦。當時我是個胖嘟嘟的孩子，因此有幾個同學總是笑我胖，拿我的身材開玩笑。更過分的，他們總是突如其來的搶走我的書包，拿出裡面的書本用品，用利器劃破，甚至撕毀課本，「我沒有做錯事啊！為什麼要這樣對我？」我很納悶，也很痛苦的思考著，卻得不到任何的答案。於是，我開始比以往更加封閉自己，完全不想和任何人接觸。現在想起來還是餘悸猶存，是一段不堪回首的回憶！

▲沒來由的霸凌，讓我開始封閉自己。

　　在那之後，我就像隻竹節蟲，披上樹皮外衣，盡量在人的環境中擬態隱形，只和昆蟲保持真正的朋友關係，因為我覺得世界上只有牠們懂我。糟糕，這段過去聽起來有些黑暗！還好，在家人的陪伴下，我養成了彈鋼琴的習慣，每次一感受到負能量即將爆發，我就會投身音樂，為自己彈奏好幾曲，排解心中的苦悶。別小看音樂的力量喔，這已經變成我的精神支柱之一，在受過音樂的洗滌之後，又會再度感受到世界是有希望的。

　　所以，如果你也曾經有段痛苦的過去，或是正在面臨痛苦的話，可以試試看，尋找昆蟲的陪伴，或是投身音樂的懷抱，你會發現，沒有什麼是不能走過的。

◀除了昆蟲，鋼琴也是我的好朋友。

▲小扁竹節蟲。

▲黑魔鬼竹節蟲。

照顧竹節蟲好朋友

　　既然把自己比喻成竹節蟲，怎麼可以不懂竹節蟲呢！來吧！現在就來看看一路上陪伴著我的竹節蟲好朋友。牠們啊，全都住在我親手為牠們搭設的網箱裡，有誰呢？泰國小紅翅竹節蟲、綠椒竹節蟲、黑魔鬼竹節蟲、小扁竹節蟲……各個都好可愛喔！

　　打造網箱並不難，但是為什麼要特別為牠們打造呢？讓我為大家說明吧！飼養竹節蟲，需要透氣通風和寬敞的環境，而網箱最大的好處就是透氣通風；另外，親手搭設箱子，則是可以依據自己飼養的竹節蟲的大小與數量，控制空間的大小。這樣一來，便能兼顧通風透氣和足夠的空間，讓所有的竹節蟲好朋友，幸福的成長。

▶為竹節蟲噴水。

當然，飼養竹節蟲還有一點小技巧：第一，竹節蟲喜歡喝水，所以飼養時必須在環境中噴水，留下水珠給牠們喝，很有趣喔，每次我一噴水，就會感受到牠們很開心！第二，竹節蟲需要新鮮的食草，我每天都會注意牠們的食草還新不新鮮，常常為了尋找牠們的食草，花了一整天的時間，騎著車在家裡附近不斷的穿梭、打轉、跑來跑去。有時候會覺得很累啦！但是看到牠們一點一點的長大，最後只會感受到開心與欣慰，甚至是感動啊！我真的好喜歡這種感覺，所以我希望可以把我最喜歡的竹節蟲好朋友，分享給大家。

竹節蟲的食草

竹節蟲吃的食草，最常見的有芭樂葉和芒果葉（但不代表所有竹節蟲都吃這個），整理食草的時候，必須確保它的新鮮度，所以可以將芭樂葉和芒果葉插枝在水瓶裡，再放入網箱，以保持 2 ～ 3 天的新鮮。

脫去偽裝的外衣，茁壯中

　　看著我被霸凌的黑暗過去，以及把自己形容成竹節蟲，大家會有點擔心我嗎？又或者擔心我只剩下竹節蟲可以當朋友？別擔心，上了高中之後，我的世界開始變得寬廣又遼闊！因為我加入了生物研究社，並且在那裡，找到一群和我興趣相投，又熱愛昆蟲與動物的朋友，於是我不再隱藏自己，順利的脫掉那層樹皮外衣，開始和人群接觸。

　　現在，我還可以教導學弟妹們如何照顧眼前的這些動物喔！只不過，生物研究社裡有非常多的職務可以擔任，一直想把昆蟲知識分享出去的我，試著做了最想做的教學工作，希望能夠透過自己的行動和大家分享腦海中的昆蟲知識，卻發現，我的說話方式可能還是有一點點的無聊，很多學弟妹聽到一半就轉頭離去了，讓人感受到小小的挫折。

　　要讓大家明白「昆蟲們並不可怕，也不會傷害人，甚至可以跟人好好相處」的這個訊息，怎麼會這麼難呢？一開始，我有點想不通，後來在一次幸運的機會下，來到台灣昆蟲館觀摩，見過其他資深解說員的解說，也親自設計了一個昆蟲

▲在台灣昆蟲館為大家上課。

採集箱，去向一般民眾講課之後，才深深的明白，如果想把自己的知識傳遞下去，就得好好練習表達與溝通的能力，不要害怕面對人，這樣才能推動其他人，影響其他人，讓越來越多人去關注這些小生命，成為真正的小行動，大力量。現在，我更堅定未來要成為昆蟲老師的信念了！

昆蟲飼養箱 DIY

1. 找個透明容器，倒過來將底部挖空。
2. 沿著洞口邊緣，鑿出數十個小孔。
3. 將整片紗網用粗線縫合在洞口處，剪下多餘的紗網。
4. 用保麗龍膠在縫線處做第二次補強。

完成飼養箱，不只可以飼養竹節蟲，蝴蝶幼蟲或是小型甲蟲，都可以飼養喔！

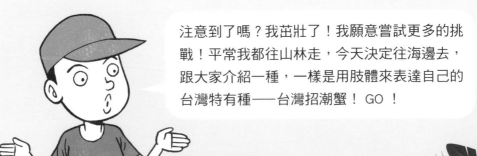

注意到了嗎？我茁壯了！我願意嘗試更多的挑戰！平常我都往山林走，今天決定往海邊去，跟大家介紹一種，一樣是用肢體來表達自己的台灣特有種——台灣招潮蟹！GO！

泥沼中的提琴手──台灣招潮蟹

好久沒有來海邊散心了。

噢!不對,這裡應該叫溼地比較精確。

喔!好多小螃蟹!

你說什麼小螃蟹!我們是海岸潮間帶的小小衝浪客!

瞧我舉起白色剪刀狀的大螯。

不停上下揮舞，像不像在呼喚海浪呢？

很帥吧！我就是鼎鼎有名的台灣招潮蟹

小檔案

沙蟹科
甲殼特徵：寬 3 公分，背甲呈現梯形，甲面隆凸光滑，藍褐色至灰褐色。

好帥喔，像這樣嗎？我學得像吧！

嗯……你手怪怪的。

我記得之前在淡水紅樹林那邊也有看過你們耶！

等等，你確定是我們嗎？棲息在紅樹林外圍的那些，和我們是不同的物種！

我們台灣招潮蟹喜歡生活在空曠、沒有遮蔽的泥灘地，像是這裡「新竹香山溼地」就是其中一個很大的聚落。

你睜大眼睛仔細看喔！地上一個個圓形的小洞，就是我們的家！

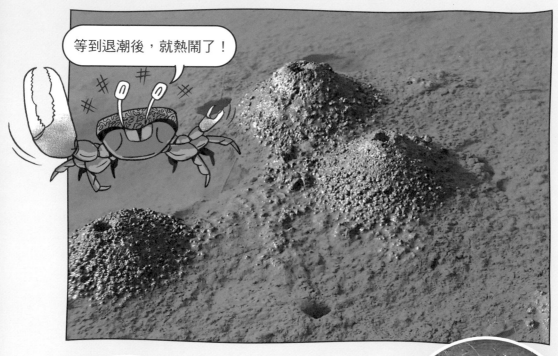

等到退潮後，就熱鬧了！

有的出洞玩耍

有的忙著清理
洞穴裡的淤泥

有的覓食，吃吃泥巴中
的有機質維生素

感覺你的生活好自在喔。

自在是自在啦！但是，這種單身宅男的日子久了……

我每次回到洞穴裡，都覺得有點寂寞！

但是！最近有位女孩搬到我家附近喔！

就是她，小巧的身材，有兩隻小螯足。

背部下方有一條白色的橫帶。

白色橫帶

很優雅的姿態，讓我對她一見鍾情！

糟糕，我看每一隻招潮蟹都長得差不多耶！

你不懂啦！越說我越喜歡她，決定來跳一段求偶舞告白！

看我用大剪刀揮揮！

對面的女孩看過來。

是不是沒看到啊？Yo！Yo！Yo！

讓我換個角度揮揮。

看到了嗎？是白色帥氣又威風的大剪刀，送出去的愛心訊號喔！

打贏這一架，我就求偶成功啦！

我……認輸了。

Win!!

Lose!!

哇！一分出勝負，女孩就靠過來了！

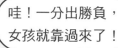

美麗的女孩，你願意接受我，住在我做的洞穴嗎？

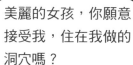

等我喔，我進去洞穴看看。

你家很美！我願意！

看來洞穴裡即將發生的事，我可能看不到了！再見，很高興遇見你們啊！

掰掰，我們等等會很忙，沒有空招呼你，快回家吧！

這天晚上‥‥‥

我們在月光下面對面擁抱，彼此緊貼腹部而完成交配。

度過了幸福甜蜜的新婚之夜。

現在，身為一家之主的考驗，正要開始！

再過幾天，小潮期就要來了！

這段期間，海水不再淹沒我們居住的棲地，地表會越來越乾燥。

接著會是連日的高溫照射，地面溫度會高達攝氏40度以上，任何海岸生物都難以生存。

不過別擔心，我早就做好準備啦！

為了讓心愛的哈妮平安產卵。

我沒日沒夜的在地底深處，挖了一個潮溼的洞穴當作產房。

至於挖出來的泥土呢？

我會用靈活的長腳和小夾子，雕琢成煙囪狀的家！

這個煙囪狀的家,不但能夠遮蔽烈日,還能通風、維持溼度,讓我們順利度過惡劣的乾旱時期。

雄蟹挖掘洞內的泥土,建築成煙囪狀的家,大約需要一天,這一天就是反覆、反覆的把洞裡的泥土挖出來堆。

完成的煙囪,高度可達 10 公分,最高還可以到達 20 公分

10〜20公分

孩子們，接下來媽媽會不斷抖動身體，把你們釋放到海水中

媽媽，我們在海水裡了！

卵孵化後會經過三個發育階段，依序為蚤狀幼體、大眼幼生、稚蟹，由浮游的蚤狀幼生變態成為底棲性的稚蟹，發育過程共30天。

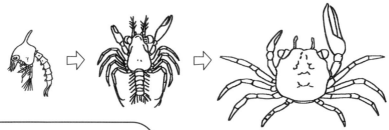

孩子們，接下來，你們會過著隨波逐流的浮游生活，一直到蛻殼成為稚蟹，才會再爬行回到陸上唷！

身為爸媽的責任，隨著大潮退去而畫下句點了，孩子們希望你們都能長大！

~THE END~

特有種任務 GO!

全能「竹」宅改造王！

來自山裡的竹節蟲──阿竹──需要一個窩，讓我們使用手邊的東西幫牠蓋一個新家吧！首先，你需要哪些東西呢？請把材料寫下來：

在動工之前，先畫下設計圖：

雖然有了設計圖，但還別急著動手。我們還需要把製作的步驟寫下來：

最後，就讓我們用預先準備好的材料，動手幫阿竹蓋個新家吧！

蟹蟹你婚姻諮商中心

　　「蟹蟹你」婚姻諮商中心來了一位無助的招潮蟹，不知為何，牠的老婆一直很不快樂。下面是蟹先生和諮商師的對話：

諮商師：「蟹先生，你是怎麼認識你老婆的呢？」

蟹先生：「當然是靠我這隻強壯的大螯啦！打敗所有情敵之後，我的老婆可仰慕我的呢！」

諮商師：「當天氣變熱又變乾時，想必妳的老婆要準備開始產卵了，你怎麼做呢？」

蟹先生：「貼心的我，當然是不斷在一旁跳起鉗子舞，想辦法逗她開心啦！」

諮商師：「呃……你沒有挖洞讓她安心產卵嗎？」

蟹先生：「挖是有挖啦！淺淺的挖了一個洞。」

諮商師：「那挖出來的土你丟去哪了？」

蟹先生：「潮裡來，潮裡去，通通丟進海裡啦。」

諮商師：「難怪……」

　　身為最了解招潮蟹婚姻生活的你，請從上面的描述中幫牠找出老婆不開心的原因，並且寫下來：

_____

_____

_____

台灣獼猴的好朋友

老是被誤解的小淘氣

台灣獼猴的好朋友

郭蓁穎 今年18歲，嘉義大學動物科學系一年級

研究台灣獼猴已經四年
多，深深覺得台灣獼猴
被「汙名化」！以向人們
傳遞和台灣獼猴相處
的正確知識為己任。

嘉義大學兩棲爬蟲研究社
成員

喜歡動物和大自然，家裡
有一隻鸚鵡好朋友。

為了傳遞正確的保育觀
念，除了增長知識，還要練
習壯膽和說話的技巧，
實在不簡單，這也是蓁穎
正在努力的事。

兒時埋下熱愛生物的種子

▲我不是在大自然，就是宅在家。

　　我其實從小還蠻安靜的，也不喜歡去逛街或是打扮，也可以宅在家一整天，唯一能讓我眼睛為之一亮的，就是到大自然裡。不管是去西子灣看海，吹吹海風、看看潮汐，或者到家裡附近的郊山步道爬山，邊走邊觀察昆蟲，這些事就會讓我很興奮，很開心。有時候爸媽覺得我好像跟很多女生不一樣，會有一點點擔心，可是其實我也很幸運，因為爸媽很願意支持我做喜歡的事。

　　我印象很深刻，小學的時候爸爸買了一些國外的生態影片，我那時候看的津津有味，大概就是那時候愛上各種動物的。那時候最讓我著迷的動物是鳥，狼和虎鯨，我覺得牠們超可愛又超酷的，所以我就會去翻書，想要更了解牠們的各種事情。

▶這是高雄西子灣的夕陽，也是我喜歡的地方之一。

真正的動物朋友

　　高中的時候，有兩件事影響我很深，一是我養了一隻鸚鵡，牠叫 Ta-ke，牠是我心有靈犀的朋友喔！常常我有什麼心事都會告訴牠，尤其是一些讓我生氣或覺得委屈的事，就回來說給牠聽，真的很療癒。現在因為我到外縣市上學，沒辦法天天在家，Ta-ke 就代替我陪爸媽！對我來說，動物就是家人也是朋友，就像 Ta-ke 一樣。

▲每個人都應該有動物好朋友吧！

　　另外一件事，就是我參加了一個生物營隊，聽老師介紹台灣獼猴的生態，從那開始，我就決定為台灣獼猴做更多事。其實我本來跟大家一樣，對台灣獼猴沒什麼好感，就覺得牠們有點煩，爬山的時候還要防著牠們，可是深入了解才知道，牠們也很委屈啊，所以從那之後，我一方面學習更多動物保育的知識和技術，一方面專注在讓更多人了解台灣獼猴。

▲牠是拉鍊妹，因為牠很沉迷於拉拉鍊。

我也能 養鸚鵡 嗎？

　　不少人家裡都有動物夥伴，常見的是貓和狗，但養鸚鵡的也不少呢！如同小貓和小狗，適合人類飼養的鸚鵡也有不少種類和專門的鸚鵡寵物店，如果想要養鸚鵡，可以和家人一起到這些店家，或是上網找資料，才能做出正確的選擇，並且為自己的動物家人負責喔！

兩棲爬蟲研究社的生活

現在我上了大學，讀了我喜歡的科系，還參加了我喜歡的社團──兩棲爬蟲研究社，簡稱兩爬社，這裡幾乎是我在學校的家。說起來，我都在社團做些什麼呢？有很多很酷的事，讓我跟大家介紹：

1. 學習製作標本

就讀生物相關科系，製作標本是一定要學的，像這個鴿子的標本就不容易製作，要把它學好其實並不簡單，透過製作標本其實對生物的骨骼等等組成會有很多認識。

▲為動物製作標本，是就讀生物相關科系的基本功。

2. 在校園抓蛇

一般人如果在住家附近發現蛇，會找消防隊幫忙。不過在嘉義大學的校園裡，如果發現蛇，會請兩爬社的同學來幫忙。前一陣子每當學長要抓蛇，我就一定會去學，原來抓蛇是有特殊的工具，而且要用從蛇的後半段「下手」。說實在的，抓蛇也是需要「熟能生巧」，所以我不會放過學習的機會。

▲「抓蛇」這門工夫，需要反覆練習才能熟練。

3. 清除外來種

　　因為外來種生物會影響生態環境，所以政府會委託相關科系的師生一起清除外來種，然後我們會把牠做成標本，像是綠鬣蜥、沙氏變色蜥，經過處理後會泡在福馬林裡保存。

▲兩爬社裡有一罐一罐的標本。

為什麼要清除外來種？

　　每一個物種都是生態鏈的一環，在穩定的環境中，每個物種都會有食物、也會有天敵，彼此之間達成平衡，自然環境才能生生不息。想想看，一個不屬於當地環境的物種出現，有可能因為沒有天敵而大量繁殖，最後打破當地環境原本的平衡，所以杜絕外來種是很重要的事。

立志解決人和動物的衝突

　　你們發現了嗎？大多數的人看到蛇都很害怕，想要把牠抓走。爬山的時候看到台灣獼猴也很害怕，怕牠來搶食物，可是很奇怪，有些人又要走私外來種到台灣，卻不知道這樣會傷害台灣的環境。這些都是人和動物之間的衝突，所以我很希望將來可以讓更多人知道一些保育知識，為了達到這個目標，我必須學會更多跟一般民眾溝通的知識和方法。

為了台灣獼猴改變自己

▲只要來到壽山步道，一定會看到台灣獼猴的身影。

台灣獼猴是台灣特有種，牠曾經是保育類動物，不過專家在評估台灣獼猴的族群數量後，認為牠們的生存條件和數量都很穩定，所以在 2019 年，已經將台灣獼猴從保育名單中移除。

對很多平常會爬山的人來說，其實還蠻容易遇到台灣獼猴的，尤其在高雄的壽山、柴山，更是常常聽到台灣獼猴和人類的衝突。為什麼會這樣呢？這是因為台灣獼猴生活的地方本來就和人類高度重疊啊！我常常在想，其實是人類把猴子趕上山，但是很多人卻怪猴子跑下山搗亂。

▲當平地聚集越來越多的人類，都市因此發展的越來越蓬勃，原本生活在平地的台灣獼猴只好往山上遷移，而高雄壽山就位在高雄市的近郊，那裡也是著名的台灣獼猴出沒、生活的地方。

我覺得讓更多人知道台灣獼猴的習性，是最重要的，這樣大家才知道遇到牠的時候該怎麼辦？問題是，其實我還蠻害羞的，所以要主動跟登山客說話，一開始真的會有點緊張，還好經過一次又一次的練習，現在越來越進步喔！

▲要能淺顯易懂的傳遞台灣獼猴的知識，真的要反覆練習。

不要再誤會台灣獼猴啦！

走進高雄壽山的登山步道，樹林裡果然有非常多台灣獼猴，蓁穎姐姐就像保育解說員般，告訴我們好多有趣的台灣獼猴知識：

誤會1：台灣獼猴互相理毛是因為感情很好，而不是身上有跳蚤！

誤會2：西遊記裡的美猴王孫悟空，是故事人物，在猴子的世界裡，是母系社會，根本就沒有猴王。

誤會3：別以為猴子嘴角上揚露出牙齒是在對你笑，其實是牠有點緊張。

誤會4：猴子非常貪吃！喔這一點不是誤會，牠們確實非常貪吃，所以如果爬山時遇到台灣獼猴，必須把裝有食物的包包綁好，最好把背包背在前面，當台灣獼猴靠近的時候也不要緊張，千萬不要用手去驅趕牠喔！

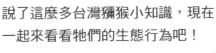

說了這麼多台灣獼猴小知識，現在一起來看看牠們的生態行為吧！

老是被誤解的小淘氣——台灣獼猴

小檔案

靈長目獼猴科

體長：36～45公分

尾長：26～46公分

體重：5～12公斤

歡迎來到壽山，這片山頭就是我家，
也是大家一起快樂生活的大樂園。

這裡有大片的闊葉林地，

還有讓我們可以覓食的草叢灌木叢，台灣獼猴
是群居的動物，做什麼都喜歡黏在一起！

嗨～

咦？大家走咧？
要去哪啊？

要去找東西吃啦！
嘿，等等我！

等等，你們不是什麼都吃嗎？我記得……果實、葉子、樹枝、昆蟲，通通都吃啊！還要特地出發去找啊？

台灣獼猴食性雜食性，偏好果實、樹葉、昆蟲、鳥蛋，甚至會補充礦物質的土。

因為我們每天有5～6小時都在吃東西，這裡吃膩了，就換個地方吃，不挑嘴啦！

嘻嘻，趕快打開。

哦，好香喔！

趕快塞進嘴巴的頰囊裡打包帶走。

好了啦！你頰囊要爆掉了！

不會啦，我們下巴和頸子間的這個特殊頰囊很有彈性，是行動儲藏室，怎麼可能隨便就塞爆！

我跟你說，野外生存不容易，像我們這樣把食物存起來

等我們移動到安全的地方，就可以推推頰囊，再把食物推回嘴裡吃喔！

那，小猴仔，要吃什麼呢？

我在喝媽媽的ㄋㄟㄋㄟ啊！

咕嚕咕嚕～

當小猴子最幸福了，可以隨時隨地喝奶，不需要自己覓食，也不用狼吞虎嚥的吞東西啊！

感覺最近好多小猴仔耶！

對呀！每年的4～6月，是我們的生育旺季，很多小弟弟小妹妹出生，我也是去年這時候來到這個世界上的唷！

人類懷孕：8～9個月
獼猴懷孕：5～6個月

我剛出生的時候也超級可愛唷！

剛出生的 Baby 毛色是黑的耶，對吧？

對啊，那是胎毛，而且頭上還是很稀疏傻氣的中分頭。

慢慢長大以後，胎毛會逐漸換掉，跟我一樣長出深灰略帶金黃的漂亮毛髮喔！

還有，我們剛出生的時候，會牢牢抓住媽媽胸腹部的毛，媽媽也會緊緊的呵護著我們，就連走路也是！

真的耶，每個媽媽都抱著自己的小孩！

有時候也不一定是媽媽啦！猴阿姨也很喜歡照顧我們。

我知道了，這是獼猴世界裡很經典的托嬰行為！

對啊！你看姨姨在幫我整理毛，嘻嘻！

獼猴世界的托嬰行為

獼猴的世界裡，母猴傾向與高位階結盟，並維持友好關係，他們會彼此協助照顧剛出生的小猴，以鞏固在獼猴社群的位階

像我從小到大，除了媽媽，還有這兩位阿姨一起生活唷！

唉，皮死了！

真不錯，猴群的近親之間都會彼此分享資源，互相照顧，這種托嬰行為，跟人類也好像喔！

那你有好奇為什麼只有阿姨？我們的公猴叔叔、伯伯都去哪裡了嗎？

母猴　母猴　母猴

聽媽媽說，為了避免近親交配，只要我們長到 4、5 歲……

要離開自己原本的猴群去流浪，或是尋找新的猴群去生活。

唉，離開媽媽和阿姨有點無奈，可是好像也沒辦法。

好帥的公猴喔！

是啊！但是說不定你會成為另一個猴群裡，最帥氣的那個啊！

你說的對！希望有一天我離開家，可以闖出自己的名號！

但是……在這之前，你是不是得先去鍛鍊身手啊！

那有什麼問題，先來鍛鍊一個，高空跳水吧！

接著再來練習一個，到處示威！

然後再找個同伴練習打架，哈哈！很好玩耶！

別逃！

你真的好皮，好像小屁孩喔！

不要小看我這些練習耶！這些看起來雖然很像小屁孩在嬉鬧，但是都會成為我的基本技能，等到我累積足夠的能力，就可以去面對外面的世界了！

說著說著，我突然……好睏喔！剛剛一下子表演太多了。

ZZZ

快睡快睡，好好補充體力，再繼續鍛鍊吧！我走嘍！下次再來看你們。

~THE END~

特有種任務 GO!

美猴王屁股受傷事件

觀察一

　　小芯看到美猴王英俊的側臉，看來正在進食，定睛一看，居然正在吃著三明治，旁邊還有塑膠袋，在同一時刻，小芯聽到一聲人類的尖叫吶喊～「啊……我的三明治……」。

　　想一想，下列描述何者是正確的。

☐ 1.美猴王奪走並享用登山客的三明治。

☐ 2.登山客帶了兩個三明治，其中一個分給美猴王。

☐ 3.台灣獼猴只吃森林裡樹上的果實，不會吃人類的食物。

觀察二

　　發出尖叫聲的人類非常緊張，一邊尖叫一邊雙手亂揮，美猴王後退了幾步，倒是樹林裡又出現了幾隻台灣獼猴，每一隻都嘴角上揚露出牙齒，小芯看了忍不住說:「你不要害怕，牠們正在對你笑呢！」

　　想一想，她說的對嗎？

☐ 1.小芯說的沒錯，猴群露出微笑表達友善。

☐ 2.台灣獼猴臉上的表情根本沒有意義，小芯說錯了。

☐ 3.獼猴嘴角上揚露出牙齒，代表牠們有些緊張，所以小芯說錯了。

觀察三

　　美猴王看著人類不懷好意的靠近，淡定的以牠矯健的身手迅速離開，這時小芯看到牠的屁股紅通通的一片，其他的猴子同伴迅速跟上牠關心傷勢，小芯想：美猴王剛剛真的被攻擊了嗎？

　　你覺得到底發生什麼事呢?

☐ 1.猴子常坐在地上，難免把屁股磨破皮而受傷。

☐ 2.美猴王沒有受到攻擊，屁股紅是發情想要交配生小寶寶的訊號。

活動

　　小芯聽到登山客說：「這隻母猴子跑的真快！」什麼！美猴王居然是母猴子？請你上網查一查，公猴子和母猴子的紅屁股有什麼不一樣，把牠畫下來吧！

鳥類家園的衛生股長
╳
迷霧森林的王者

鳥類家園的衛生股長

林暐倫
今年19歲，
中興大學昆蟲系，
賞鳥達人

他有一個大計畫，從進
山林裡撿垃圾開始！

神秘絕招：聽聲辨位

對森林裡的鳥類如數家珍，搜集各種鳥羽。

無時無刻都在關注鳥類的事物，並且同步和大家分享。

從小·熱愛生物和大自然

　　我從小就喜歡生物，例如養魚、養昆蟲，小時候家人不以為意，可是隨著我一天天長大，成為國中生、高中生，我對生物的「沉迷」都沒有變，我爸媽好像有點擔心，他們常常會說：「不要忘了讀書啊、你不是應該準備考大學嗎？你生物很強，要不要考慮去念醫學系，未來可以當醫生啊！」

　　可是，很抱歉，我就是超級熱愛動物，尤其是對鳥類的研究，所以我希望可以念這方面的科系。很棒的是，我因為對鳥類的知識和研究，讓我順利的甄試上中興大學昆蟲系，那我家人就比較放心了，我也能更自由的鑽研自己喜歡的鳥類。

　　很多人問我為什麼會對鳥類如此熱愛？這是因為高中的時候，我在金門念書，喜歡大自然的我當然不會放過賞鳥的機會，因為金門可是賞鳥天堂，有好多鳥類可以觀察，讓我從此愛上了觀賞和研究鳥類，真的超開心的。

　　不過，我在金門曾經因為一件事，深深影響了我對鳥類保育的看法。

分享稀有鳥類的訊息，却「害」了牠們

有一天，我在金門賞鳥時，發現了東方白鸛的身影，真的超級難得的！所以我很開心的上網分享這個訊息，心想可以把這個難得的消息讓更多喜歡賞鳥的人知道，實在是很棒！果然

這個消息引起轟動，吸引了好多鳥類學者、熱愛鳥類生態攝影的人來到金門。可是，我發現，有一些人為了拍到東方白鸛各種姿勢的照片，會運用一些「方法」干擾東方白鸛，例如：在地上撒米或麵包，吸引牠們靠近，好讓鏡頭能捕捉到牠們的「近照」、「特寫」。最讓我不能忍受的是，有些人為了拍東方白鸛，居然會在牠們專注進食或休息時，按喇叭發出聲響嚇牠們，趁鳥兒受到驚嚇振翅飛行時，捕捉牠們展翼和飛行的影像。

我對這樣的行為很不認同，覺得這些人實在很自私，那時候我很難過，甚至很自責，心想我是不是不應該把東方白鸛出現的消息告訴大家。

金門 是鳥類天堂

位在台灣島西方的離島金門，島上有許多自然湖泊、溼地，又因為地理位置的關係，是很多候鳥遷徙時停留的地方，是著名的賞鳥勝地。著名的候鳥如栗喉蜂虎，牠的鳥羽豔麗多彩，深受人們矚目喜愛，每年四到九月，會有兩、三千隻的栗喉蜂虎來到金門築巢、繁衍後代；而東方白鸛是大型的鳥類，也是非常稀有的冬候鳥。體長超過一公尺，展翅時大約二公尺寬，非常壯觀。

賞鳥達人的「絕招」大公開

　　我愛上鳥類之後，為了更了解牠們，我會常常到森林裡尋找牠們的身影、觀察和記錄。你們知道嗎？看著鳥兒飛行的姿勢，看牠們吃些什麼、怎麼吃、還有求偶和育雛的行為……這些都讓我很著迷，那因為我對各種山林裡的鳥越來越熟悉，所以也常常帶人到山林裡尋找鳥類的蹤跡，還能解說牠們的生態，想知道我的絕招嗎？

絕招一：聽聲辨位並仔細觀察

仔細聆聽鳥兒的叫聲

拿出望遠鏡找到鳥兒並觀察

用相機拍下牠們的身影，回家翻閱鳥類圖鑑、上網查找相關資訊。

絕招二：製作獨一無二、屬於自己的鳥羽圖鑑

1. 在野外或住家附近的空地，撿拾鳥兒脫落的鳥羽。

2. 查閱圖鑑確認物種，並寫下發現的時間地點。

3. 將羽毛和記錄黏貼在筆記本上。

4. 透過鳥類愛好者的社群，將重複的鳥羽和其他人的收藏交換，
　　擴充更多收藏。

　　我自製的鳥羽圖鑑，是我最珍貴的收藏，也是認識鳥類很重要的資料。這裡的每一支羽毛都是我親手收藏製作的，不同羽毛的形狀、顏色和觸感，代表不同的意義，比如鷺鷥ㄙ的尾羽，因為尾羽的功能是為了「掌舵」、必須穩定方向，所以尾羽的組成就會比較堅硬；但同樣是鷺鷥的羽毛，像這支「飾羽」，顧名思義主要的功能就是為了讓自己看起來雄壯威武，好在繁殖季節得到異性的青睞，獲得繁衍下一代的機會，所以飾羽會長得非常花俏呢！

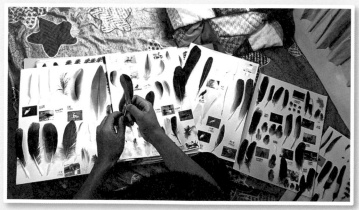

◀每隻鳥類身上都有不同功能的羽毛，完整的收集圖鑑需要仔細分類註記。

▲暐倫平日也參與救援鳥類的行動。

▲發現有些鳥類完全不怕人，其實
　是很令人擔憂的。

爲了鳥，採取更多保育行動！

　　自從目睹了人類為了拍照而影響鳥類生態的行為後，我就萌生了希望為保育鳥類付出更多的念頭。這個念頭隨著我學習到更多的知識，越來越覺得自己可以做更多的事，比方說現在的我懂得如何救助不小心受傷或是落入陷阱的傷鳥，也學會如何為失去生命的鳥兒製作標本，最近還有一個「拯救高山垃圾鳥」的計畫。

　　我常常到森林裡觀察鳥類，許多人也喜歡到森林裡運動、享受芬多精，可是人類隨手扔下的垃圾，已經嚴重影響到鳥類的生活！這讓我很憂心。我最常看到金翼白眉吃垃圾了，金翼白眉是台灣特有種，許多爬山的人看到牠也很開心，就會餵牠吃東西，久而久之牠就不怕人類了，甚至還會主動靠近，可是這是不正常的！牠們是野生動物啊！

　　鳥類吃下人類的食物，除了會影響牠們原本的習性之外，也會營養失衡，對鳥類都是傷害！

就算只有我，我也要淨山

　　為了拯救高山垃圾鳥，我只要到山林裡，一定會帶垃圾袋把沿途看到的垃圾撿起來，我還曾經發起淨山活動，希望號召更多的人一起行動。現在的我，幾乎是「撿山上垃圾」的達人，我發現通常在郊山步道的山谷處，是垃圾最多的地方，人們隨手一丟的容器或是包裝袋，隨著山坡往下滾，聚集在難以到達的山谷，所以為了撿垃圾，爬山的技巧也要很厲害，每一步都必須小心翼翼，才不會發生危險。

什麼是 高山垃圾鳥

　　台灣是個多山的地方，也有不少生活在高山上的鳥類，但山裡覓食不易，人類留下的廚餘垃圾，一不小心就成為高山鳥類的食物，對生態造成很大的影響。在台灣，金翼白眉生存的環境，有許多是登山客喜歡造訪的高山，這樣的情況很常見，久而久之，金翼白眉就成為最有名的「高山垃圾鳥」。

鳥類的世界非常迷人，現在就讓我帶大家認識你一定在鈔票上看過的台灣特有種吧！

迷霧森林的王者——黑長尾雉

好久沒有清晨上大雪山賞鳥，好像有點陌生啊！

今天會遇到誰呢？

聽音辨位一下好了！

那是……迷霧之王──
黑長尾雉？

嗨，我就是藍色鈔票上，尾巴長長的那隻鳥，黑長尾雉！

小檔案

長尾雉屬
雄性尾長：50 公分
雌性尾長：20 公分

真的是你耶！

其實大家比較常叫我帝雉，因為我有寶藍色的羽毛，紅潤的雙頰。

長長的尾羽。

過去住在這裡的日本人，看著我們的祖先，覺得我們英姿煥發，有帝王的風範，所以給了「帝雉」的稱號。

我今天真的太幸運了！

天才剛亮，山林裡，大家已經爭相開唱

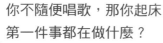

你不隨便唱歌，那你起床第一件事都在做什麼？

好好整理羽毛啊！打理容貌最重要了。

從左到右

從前到後

仔仔細細的，每個地方都要順過。

別看我一身黑，在陽光照射下，我的羽毛可是會出現寶藍色的光澤呢！

哇，真的好亮麗啊！

咦？又有個特別的叫聲！

噢！這聲音，我知道是誰！

是啊，不止如此喔！最明顯的特徵就是……

我知道了，仔細看你的腳是灰色的，藍腹鷴是紅色的！

帝雉

藍腹鷴

其實還有很多不同啦，身形大小、尾巴長短和花色。

對對對，但是相同的是……我們都是台灣特有種。

一陣霧氣飄過來了！

住在中高海拔的山區，雲霧飄渺這是常有的事啊！不覺得很像仙境嗎？

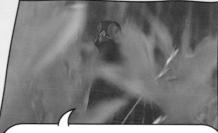

去找食物了啦！我也準備去找食物了，趁現在濃霧瀰漫，大家都看不到我，找食物最好了！

難怪人們叫你迷霧之王！咦？藍腹鷴咧？

咦？你不結伴一起去比較安全嗎？

不用啦！我不太愛群體活動！只要選在晨昏時出門，隱身在濃霧中就安全啦！

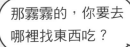

那霧霧的，你要去哪裡找東西吃？

森林底層和林道兩旁，都是我最常去覓食的地方。

那裡有許多植物的嫩葉。

蚯蚓。

昆蟲。

你可以跟著我，但是先不要吵我，我要專心覓食了，葷的素的我都愛。

也是我們鳥類繁殖的重要時刻。

我心動了，你仔細看我的臉……

再近一點！這個時候我臉上的肉垂，會變得比平時更加鮮紅豔麗。

哇！你的肉垂就是一個大愛心啊！

沒錯,當你看到我的愛心肉垂這麼大,就表示我已經準備好為我們黑長尾雉家族傳宗接代了!

對了,為什麼男生這麼漂亮,女生卻是淡淡的黃褐色?

因為我們女生有照顧寶寶的重責大任。

黃褐色的的羽毛方便我們隱藏起來。

像是孵蛋時必須靜靜的待在樹叢中,如果太鮮豔一定會被天敵發現。

唉唷，你先不要打擾我們！眼前她就是我心儀的對象。

我要開始展開攻勢，勇敢的追求她！

在迷霧中奮力的鼓動翅膀，博取她的歡心。

順利的話，今年我說不定就可以當爸爸了耶！

ㄜ，可是……可是她走了耶！

不要走啊，漂亮小姐！

~THE END~

特有種任務 GO!

尋找鈔票之王！

　　壞心的商人給了老奶奶兩張千元大鈔票，一張有帝雉，一張有藍腹鷴。奸詐的商人說，只要老奶奶分辨出兩者差異，就能拿回真的鈔票，請你幫幫忙吧！

	帝雉	藍腹鷴
腳		
羽毛		
體型		

你的垃圾不是垃圾

　　身為這片土地的一份子，其實你也可以和暐倫哥哥一樣，成為鳥類家園的衛生股長。拿起手邊的廢棄物，做出一幅鳥類夢想家園的拼貼畫吧！

從「台灣特有種」學核心素養

　　各位大小讀者在讀完這本特有種的書之後，除了完成特有種任務，想想看你有什麼收穫或感想呢？你喜歡誰的故事，有特別熱愛的物種嗎？你一定發現這本書的內容非常豐富，不僅**扣合國中、小的生物、自然課程，也和社會、公民領域及國際觀息息相關**，12年國教的重要任務，就是培

12年國教 19項重要議題		生態農場管理員 × 高山清溪的美妙身影	披著樹皮外衣的擬態者 × 泥沼中的提琴手
核心素養	自主行動	★性別平等教育		
		★人權教育		✔人權教育
		★環境教育	✔環境教育	✔環境教育
		★海洋教育		✔海洋教育
		安全教育		
		國際教育	✔國際教育	
		科技教育	✔科技教育	
		資訊教育	✔資訊教育	
	溝通互動	能源教育		
		品德教育		
		生命教育	✔生命教育	✔生命教育
		法治教育		✔法治教育
		家庭教育		
		防災教育		
	社會參與	生涯規劃教育	✔生涯規劃教育	✔生涯規劃教育
		多元文化教育		✔多元文化教育
		閱讀素養	✔閱讀素養	✔閱讀素養
		戶外教育	✔戶外教育	
		原住民族教育		

養每個孩子的「核心素養」，想想看，這些參與保育行動的大哥哥大姊姊有沒有具備這些能力，你可以向他們學習什麼？你又可以加強什麼呢？

　　表格下方列出12年國教希望每個人都能涉獵和重視的19項重要議題，這裡整理出書中的八個單元各自涵蓋的領域，相信這本書能帶給你豐富的知識和收穫，擠身台灣特有種的行列！

	台灣獼猴的好朋友 × 老是被誤解的小淘氣	鳥類家園的衛生股長 × 迷霧森林的王者
	✔性別平等教育	
		✔人權教育
	✔環境教育	✔環境教育
		✔國際教育
		✔資訊教育
		✔品德教育
	✔生命教育	✔生命教育
	✔家庭教育	
	✔生涯規劃教育	✔生涯規劃教育
	✔多元文化教育	
	✔閱讀素養	✔閱讀素養
	✔戶外教育	✔戶外教育

特有種網站

　　看完這些台灣特有種的人、事、物，是不是還意猶未盡呢？如果想看《台灣特有種》生動的影像播出，可以掃描以下QR CODE，就能看到更多喔！除了節目之外，這裡也整理出許多專業的網站，提供大家自學或掌握生物資訊。

◆公共電視《台灣特有種》節目

台灣深山鍬形蟲

大圓斑球背象鼻蟲

翡翠樹蛙

泰雅鈍頭蛇

台灣櫻花鉤吻鮭

台灣招潮蟹

台灣獼猴

黑長尾雉──帝雉

需先登入會員（免費加入）

◆生物研究相關網站、臉書社團

特生中心台灣生物
多樣性網站

2020生物多樣性超級年

台灣動物路死觀察網

林務局森活情報站
臉書粉專

公視《台灣特有種》
節目粉專

Ecology & Evolution translated
「生態演化」中文分享版

兩棲爬行動物研
究小站臉書粉專

野生動物急救站
臉書專頁

昆蟲擾西
吳沁婕粉專

小劇場時間

小劇場開演了！現在請你化身導演，將漫畫加上對話，塗上顏色或添加自己心中的畫面，創造屬於你自己的特有種小劇場吧！

你還認識其他魚類的特有種嗎？
畫下來或是找到牠們的照片，為牠們製作專屬的小檔案吧！

你還認識其他招潮蟹的特有種嗎？
畫下來或是找到牠們的照片，為牠們製作專屬的小檔案吧！

你還認識其他獼猴的特有種嗎？
畫下來或是找到牠們的照片，為牠們製作專屬的小檔案吧！

你還認識其他鳥類的特有種嗎？
畫下來或是找到牠們的照片，為牠們製作專屬的小檔案吧！

解答 （答案僅供參考）

特有種任務 GO!

生態農場小主人

身為一名生態農場的小主人，好好打理農場裡的生態池，是很重要的責任。今天天氣正好，就讓我們一起到溪邊田邊釣魚抓蝦，為生態池補充一點新血吧！

請你透過以下描述，判斷一下該怎麼處理這些捕獲的魚蝦，並寫下處理的理由。

●第一次收種：一隻體型不小的蝦子，有著長長的螫。

該怎麼處理：帶回生態池

為什麼：牠是溪裡的清道夫，清除水中藻類，是水質清澈的關鍵。

●第二次收種：是隻小魚，身側有四個黑色點狀條紋，眼睛一半紅紅的。

該怎麼處理：帶回生態池

為什麼：牠是史尼氏小䰾，屬於台灣原生魚種，在生態池復育後，再送回原本居住的地方。

●第三次收種：一隻巴掌大的魚，身上有一橫一橫的縱紋，背鰭刺刺的。

該怎麼處理：帶回家養大後，煮來吃。

為什麼：牠是吳郭魚，屬於強勢外來魚種，會壓縮原生魚種的生存空間。

鉤吻鮭生活滿意度大調查

我們是七家灣溪的鮭魚社區管理委員，正在進行鉤吻鮭生活滿意度大調查，需要你的幫忙！

目前，我們想要挑選一隻「新婚的雄性鉤吻鮭」進行訪談，請你從牠們外貌和行為勾選合適的對象，但別打擾正在交配的鮭魚夫妻喔！麻煩了！

☐ 一隻下顎平平小小的鉤吻鮭，正在吃著水面的小蟲。

☑ 一隻健壯的鉤吻鮭，下顎彎彎鉤起，正在跟另一隻鉤吻鮭打架。

☐ 一隻下顎也厚厚彎彎的鉤吻鮭，正在拍打河床，揚起陣陣沙塵。

☑ 兩隻鉤吻鮭肩並肩跳著美麗的水中舞蹈。

選好了嗎？既然你都出手幫忙了，那麼這次問卷調查就交給你吧！面對難得一見的台灣國寶魚，你會怎麼設計問卷呢？

請寫下你設計的「櫻花鉤吻鮭生活滿意度問卷調查表」：

（請自由發揮）

特有種任務 GO!

全能「竹」宅改造王！

來自山裡的竹節蟲──阿竹──需要一個窩，讓我們使用手邊的東西幫牠蓋一個新家吧！首先，你需要哪些東西呢？請把材料寫下來：

透明容器、紗網、保麗龍膠。

在動工之前，先畫下設計圖：

（請自由發揮）

雖然有了設計圖，但還別急著動手。我們還需要把製作的步驟寫下來：

1.將透明容器底部挖空。

2.沿洞口邊緣，鑿出數十個小孔。

3.將紗網縫在洞口。

4.用保麗龍膠補強縫線處。

最後，就讓我們用預先準備好的材料，動手幫阿竹蓋個新家吧！

蟹蟹你婚姻諮商中心

「蟹蟹你」婚姻諮商中心來了一位無助的招潮蟹，不知為何，牠的老婆一直很不快樂。下面是蟹先生和諮商師的對話：

諮商師：「蟹先生，你是怎麼認識你老婆的呢？」

蟹先生：「當然是靠我這隻強壯的大螯啦！打敗所有情敵之後，我的老婆可向我靠攏的呢！」

諮商師：「當天氣變熱又變乾時，想必你的老婆要靠牠準備幽微產卵吧，你怎麼做呢？」

蟹先生：「貼心的我，當然是不斷在一旁跳起鋸子舞，想辦法逗她開心囉！」

諮商師：「嗯……你沒有挖洞讓她安心產卵嗎？」

蟹先生：「挖是有挖啦！還挖了一個洞。」

諮商師：「那挖出來的土作去哪呢？」

蟹先生：「潮裡來，潮裡去，通通走進海裡啦！」

諮商師：「難怪……」

身為最了解招潮蟹婚姻生活的你，請從上面的描述中幫牠找出老婆不開心的原因，並且寫下來：

1.應該在地底深處，挖一個潮濕的洞穴。

2.挖出來的泥土，應該做成高約10～20公分的煙囪狀，以維持洞穴的濕度。

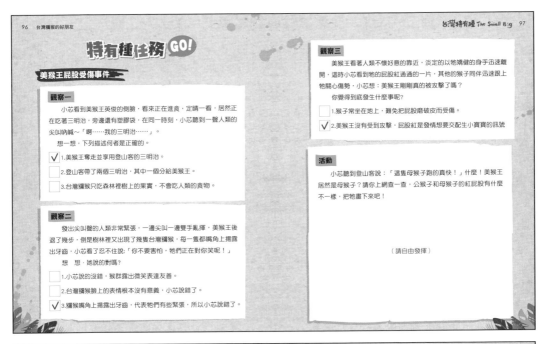

特有種任務 GO!

美猴王屁股受傷事件

觀察一

小芯看到美猴王英俊的側臉，看來正在進食，定睛一看，居然正在吃著三明治，旁邊還有塑膠袋，在同一時刻，小芯聽到一聲人類的尖叫吶喊～「啊……我的三明治……」。

想一想，下列描述何者是正確的。

☑ 1.美猴王奪走並享用登山客的三明治。

☐ 2.登山客帶了兩個三明治，其中一個分給美猴王。

☐ 3.台灣獼猴只吃森林裡樹上的果實，不會吃人類的食物。

觀察二

發出尖叫聲的人類非常緊張，一邊尖叫一邊雙手亂揮，美猴王後退了幾步，倒是樹林裡又出現了幾隻台灣獼猴，每一隻都嘴角上揚露出牙齒，小芯看了忍不住說：「你不要害怕，牠們正在對你笑呢！」

想　想，她說的對嗎？

☐ 1.小芯說的沒錯，猴群露出微笑表達友善。

☐ 2.台灣獼猴臉上的表情根本沒有意義，小芯說錯了。

☑ 3.獼猴嘴角上揚露出牙齒，代表牠們有些緊張，所以小芯說錯了。

觀察三

美猴王看著人類不懷好意的靠近，淡定的以牠矯健的身手迅速離開，這時小芯看到牠的屁股紅通通的一片，其他的猴子同伴也迅速跟上牠關心傷勢，小芯想：美猴王剛剛真的被攻擊了嗎？

你覺得到底發生什麼事呢？

☐ 1.猴子常坐在地上，難免把屁股磨破皮而受傷。

☑ 2.美猴王沒有受到攻擊，屁股紅是發情想要交配生小寶寶的訊號

活動

小芯聽到登山客說：「這隻母猴子跑的真快！」什麼！美猴王居然是母猴子？請你上網查一查，公猴子和母猴子的紅屁股有什麼不一樣，把牠畫下來吧！

（請自由發揮）

特有種任務 GO!

尋找鈔票之王！

壞心的商人給了老奶奶兩張千元大鈔票，一張是帝雉，一張是藍腹鷴。奸詐的商人說：只要老奶奶分辨出兩者差異，就能拿回真的鈔票，請你幫幫忙吧！

	帝雉	藍腹鷴
腳	灰色	紅色
羽毛	陽光照射下，羽毛呈現寶藍色光澤。	背上有一道白色羽毛，白羽毛外有一圈紫紅色，最後才是藍色。
體型	較大	較小

你的垃圾不是垃圾

身為這片土地的一份子，其實你也可以和噶倫哥哥一樣，成為鳥類家園的衛生股長。拿起手邊的廢棄物，做出一幅鳥類夢想家園的拼貼畫吧！

（請自由發揮）

The Small Big 台灣特有種 2
跟著公視最佳兒少節目一窺台灣最有種的物種

作　　者　　公共電視《台灣特有種》製作團隊
文字整理　　貓起來工作室、陳怡璇
繪　　圖　　傅兆祺

社　　長　　陳蕙慧
副總編輯　　陳怡璇
主　　編　　胡儀芬
責任編輯　　貓起來工作室、鄭孟份
審　　定　　台灣師範大學生命科學系教授 林思民
行銷企畫　　陳雅雯、尹子麟、張元慧
美術設計　　貓起來工作室
讀書共和國集團社長　　郭重興
發行人兼出版總監　　曾大福

出　　版　　木馬文化事業股份有限公司
發　　行　　遠足文化事業股份有限公司
地　　址　　231 新北市新店區民權路 108-4 號 8 樓
電　　話　　02-2218-1417
傳　　真　　02-8667-1065
E m a i l　　service@bookrep.com.tw
郵撥帳號　　19588272 木馬文化事業股份有限公司
客服專線　　0800-2210-29

印　　刷　　通南彩印印刷公司
2020（民 109）年 4 月初版一刷
2020（民 109）年 11 月初版三刷
定　　價　　320 元
I S B N　　978-986-359-788-9

這麼好看的特有種故事,只有兩集,太少了啦!

別急,第三、四集暑假就會上市了!